动物的迁徙

撰文/胡妙芬　　审订/袁孝维

U0332585

中国盲文出版社

怎样使用《新视野学习百科》？

请带着好奇、快乐的心情，展开一趟丰富、有趣的学习旅程！

1 开始正式进入本书之前，请先戴上神奇的思考帽，从书名想一想，这本书可能会说些什么呢？

2 神奇的思考帽一共有6顶，每次戴上一顶，并根据帽子下的指示来动动脑。

3 接下来，进入目录，浏览一下，看看这本书的结构是什么，可以帮助你建立整体的概念。

4 现在，开始正式进行这本书的探索啰！本书共14个单元，循序渐进，系统地说明本书主要知识。

5 英语关键词：选取在日常生活中实用的相关英语单词，让你随时可以秀一下，也可以帮助上网找资料。

6 新视野学习单：各式各样的题目设计，帮助加深学习效果。

7 我想知道……：这本书也可以倒过来读呢！你可以从最后这个单元的各种问题，来学习本书的各种知识，让阅读和学习更有变化！

神奇的思考帽

客观地想一想

用直觉想一想

想一想优点

想一想缺点

想得越有创意越好

综合起来想一想

? 你知道哪些动物会迁徙？

? 你觉得哪种动物的迁徙最奇妙？

? 迁徙对动物有什么好处？

? 动物迁徙会遇到哪些困难？

? 如果你也可以迁徙，你会选择什么时间和目的地？

? 动物迁徙和人类生活有什么关系？

目录

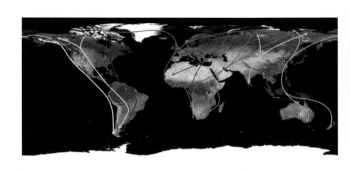

C O N T E N T S

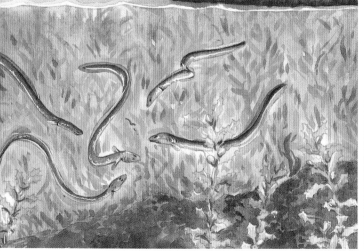

动物的迁徙

（剑羚与斑马）

你可能听过哺乳动物的"迁移"，鸟类、昆虫的"迁飞"，或鱼类、海龟及其他水族生物的"洄游"；这些行为只是移动的方式不同，其实都属于"动物的迁徙"。

家燕春天飞回北方繁殖，常筑巢于屋檐下，雌雄轮流孵卵及育幼。（图片提供／达志影像）

 ## 为生存而迁徙

动物因为繁殖、觅食或季节的变化等原因，会迁移到另一个栖息地，称为迁徙行为。这种行为大部分具有周期性，移动的路线及目的地也大多固定。例如燕子每年秋天飞到南方过冬，春天再飞回北方繁殖；鲑鱼会从大海回到河流繁殖，子代再回到海洋生活。

广义的迁徙也包括动物非周期性的迁徙，大部分是因为栖息地的生存条件受到威胁，像是森林大火、干旱，或是过度繁殖造成食物缺乏等等，迫使动物大规模外迁。动物的迁徙是为了到更适合的环境让自己和子代生存下来，但是由于体力透支、天敌、恶劣气候等种种因

各种长途迁徙的动物及其迁徙路线。（插画／陈和凯）

❻ 欧洲鳗鱼从欧洲河流洄游到加勒比海产卵，是迁徙最远的鱼类。

❺ 北美野驯鹿秋冬时向南迁徙觅食，是迁徙最远的陆上哺乳动物。

❶ 大桦斑蝶分布在北美各地，冬天飞到墨西哥过冬，是迁徙最远的昆虫。

（地球插画／施佳芬）

❷ 灰鲸冬季游到美国西岸海域交配；雌鲸怀孕后，春夏回到北极，次年再游到繁殖地产下幼鲸。它和座头鲸是迁徙最远的哺乳动物。

❸ 北极燕鸥是迁徙最远的动物，每年在两极之间往返。

❹ 赤海龟在美国加州沿海觅食，洄游到日本沙滩产卵。它和绿海龟都是迁徙最远的爬行动物。

素，迁徙其实也是危机重重的旅程，死亡率往往很高。

座头鲸夏季在南极觅食，冬季则向北洄游过冬，迁徙路线十分靠近海岸。（图片提供/达志影像）

迁徙的动物

鸟类在高空飞行，可以直接掠过上下起伏的地表障碍物，是动物界最杰出的迁徙高手。它们大多南北向迁徙，但有时也会先移动到水边，再沿着食物比较丰富的河岸、滨海路线飞行。

许多海洋鱼类会顺着号称"蓝色公路"的洋流洄游，以节省体力。对于溯河洄游的鱼类而言，逆流而上的过程则非常艰辛，无论是成体的生殖洄游或幼体的稚鱼洄游，大多一生只有一次。哺乳类中的鲸，部分也会每年固定在极地和温暖的海域间往返。陆地上的迁徙，由于障碍物特别多，迁徙速度不快，又耗体力，因此迁徙距离通常比较短。

除此之外，极少数的昆虫会进行周期性的迁徙，例如大桦斑蝶、某些山区的瓢虫等。爬行类具迁徙行为的有绿海龟、赤海龟等海龟；两栖类具迁徙行为的极少，林地蛙是其中之一。

林地蛙又称草蛙，早春时会迁移到池塘，集中在2—3天繁殖。蛙卵聚集在一起，借此提高温度帮助孵化。（图片提供/达志影像）

让路给动物

随着人类开发的脚步，野生动物活动的范围出现各种人工设施，例如公路、铁路、水坝。人们为了保护野生动物，设立各种标志与动物专用的通道，以减少野生动物因车祸死伤、避免动物栖息地被分割，或是让动物原有的迁徙不会中断。例如美国和加拿大，有不少地方随处可见画有鹿的标牌，凡是遇到鹿群，不论是车辆还是行人，一律必须"让道"；轧死或撞伤鹿的肇事者都要受罚。在中国青海地区，每年有2,000多头藏羚羊，从青海三江源前往可可西里地区生产，然而2006年开始通车的青藏铁路挡住了它们的通路，动物学家为减低对藏羚羊的影响，便设计出33条动物通道，以缓坡、桥洞、围栏等协助藏羚羊安全通过。台湾地区也有类似的保护措施，在兴建水坝时设计一条水路，就是俗称"鱼梯"的鱼道，联结水坝上下游，让鱼儿能够继续迁徙。

鱼道建在拦沙坝或水库边，以减低水路落差，让鱼类能顺利通过，构造较复杂的也称鱼梯。（图片提供/廖泰基工作室）

迁徙的周期

（北极燕鸥，图片提供/维基百科）

动物迁徙的目的不尽相同，因此周期也有长有短，例如北极燕鸥即便路途再远，每年也要在南北极之间往返1次，以便能在两地迎接永不落日的夏季，而避开冬季的极夜。

 周期性的迁徙

除了赤道一带，世界各地都有明显的季节变化，这意味着每年气候会周期性地变冷或变干，减缓植物的生长，连带使以植物为食的昆虫减少，造成食物短缺。因此，迁徙

蜂鸟因体形和黄蜂差不多，因此得名。有些蜂鸟会随季节迁徙，有惊人的记忆力，能记住吃过的食物及飞行的路线。（图片提供/达志影像）

动物大多随着季节进行周期性的迁徙，每年固定在两个栖息地之间往返1次。如果是以繁殖为迁徙目的，那么动物要等性成熟后才会出现迁徙行为。迁徙的周期有些是1年1次，有些是数年1次；也有的一生仅有1次，通常繁殖后就死亡。

周期性迁徙是长期进化的结果，迁徙的动物会比留在原地的族群获得较大的生存优势，并将迁徙的行为遗传给后代。

细鳞大马哈鱼又称粉红鲑，在繁殖期从大海洄游到河流，一路上几乎不进食，产卵后7—14天死亡。（图片提供/达志影像）

非周期性迁徙

蝗虫如种群密度过高，就会发育为群聚的飞蝗。雌虫通常大批集中产卵，卵块密集，幼虫刚出生就彼此互相靠近、跟随。（图片提供/达志影像）

动物受到不规则事件的影响，也可能产生非周期性的迁徙行为，一般称为"播迁"。例如干旱造成大批蝗虫迁飞；繁殖过剩、居住密度过高，使挪威旅鼠漫无目的地迁徙；或是森林大火造成动物奔逃等等。严格来说，这类非周期性的迁徙更像族群的大逃难，原来的栖息地生活品质恶化，所以动物通常一去不回，或在路途上大量死亡。

即使如此，非周期性的迁徙仍有可能是遗传所造成的。以蝗虫为例，当环境中食物丰富时，雌蝗虫生产后卵的胚胎孵化为居留型的子代；一旦环境持续干旱，食物缺乏，营养不足的胚胎就会转变为迁徙型的子代，孵出身体瘦小但具备长翅膀的小蝗虫，成群向外迁徙，沿途觅食。

某些地区的牧人为了追逐丰美的水草地，也会赶着牲畜定期迁徙。图为印度北部的5岁女孩，带领羊群从山上到平原觅食。（图片提供/达志影像）

神秘的旅鼠集体自杀

旅鼠是北极圈内常见的小型仓鼠，过去，人们常误以为旅鼠每隔三四年就会列队开往海岸"集体自杀"，目的是为了把空间和食物留给自己的同类！其实，科学家并不认为这是自愿性的自杀行为，而是因为旅鼠每隔3到4年就有繁殖的高峰，大量繁殖的结果导致居住空间过度拥挤，会刺激大量的旅鼠向外迁徙，寻找食物与新的栖息空间；有时候遇上地形障碍，就会引起群体的恐慌反应，四处慌张逃窜的结果，就可能导致集体落海大量死亡。

旅鼠分布于北极圈一带，腿短，耳小，毛软而长，繁殖力甚强，种群数量规律波动，会进行非周期性迁徙。（图片提供/达志影像）

迁移的路线

(雪鸡，世界分布最高的鸡，会垂直迁徙，图片提供/GFDL)

动物迁徙的目的不同，路线自然各有差异。为繁殖而迁徙的动物，目的地是适合下一代成长的繁殖场地；觅食或季节性迁徙，则是前往食物丰富或气候温和的栖息地。这些路径常常和纬度或海拔高度有关。

水平迁徙和垂直迁徙

对地球表面来说，动物在不同纬度之间迁徙，称为"水平迁徙"；相反的，留在同一个山区、岛屿或海域，但在不同高度之间迁徙的则为"垂直迁徙"。

由于地球表面的气温是从赤道往两极地区逐渐降低，所以在冬季的低温降临之前，高纬度地区的迁徙性动物，就会开始往低纬度"水平"移动，以避开低温，等到天气回暖再返回。

在同一个地区，平均每升高100米，温度就下降0.65℃。因此，到了冬天，

对于动物的迁徙细节，人类仍有许多不解。图为世界候鸟迁徙途径的大致路线，多数是南北方向。（图片提供/达志影像）

麝牛有宽大的角，体形庞大，颈、腿、尾巴都很短，毛有很好的保暖效果。冬天时会迁徙到积雪不厚的地方觅食。（图片提供/维基百科）

有些"垂直"迁徙的鸟类会往较温暖的山下移动，夏天再返回。另外，有些淡水鱼也会在不同海拔高度的河段往返。有些人认为，单以气温而言，冬天由高处往山下垂直迁徙1公里，就等于往南方水平迁徙1,600公里。

降海与溯河

有些鱼、虾、蟹或其他水族，会在河与海之间洄游。它们在不同的成长阶段，自我调整以适应淡、咸水不同的盐度。

鲈鳗是洄游性鱼类，身上有灰褐色的块状斑纹，是台湾珍贵稀有的保护鱼类。（图片提供/廖泰基工作室）

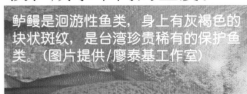

有些淡水蟹是降海繁殖，因沿海的食物比较丰富，刚孵化的幼体称为"大眼幼体"。图为字纹弓蟹的大眼幼体。（摄影/刘名允）

回不了家的"陆封型"鱼类

有些迁徙动物在河海间洄游，却因为大环境改变，而被封在陆地的水域，无法回到海洋，成为陆封型物种。台湾特有亚种樱花钩吻鲑就是一例。樱花钩吻鲑原是冷温性的河海洄游性鲑鱼，在韩国、日本、中国东北及俄罗斯等地都有分布。据科学家推测，在10万至80万年前的冰河时期，全球海温下降，樱花钩吻鲑由日本对马海峡移入台湾，但后来冰河时期结束、气温回升，因此无法通过温度较高的下游河水，只好避居在台湾高山的低温溪流，渐渐丧失了河海洄游的习性，而转变为在河川内洄游，平常分布在水温16℃左右的河段，产卵期则向上洄游到水温低于12℃的河段。

台湾的樱花钩吻鲑近年来受到水温上升、栖息地破坏等威胁。（摄影/傅金福）

以鱼类为例，在海中成长，到了繁殖季便上溯到河流中交配、产卵的，称为"溯河性"鱼类，如鲑、鳟鱼等；相反的，鲈鳗、白鳗等"降海性"鱼类则在河流中长大，等到性成熟后，才洄游到海中产卵。

此外，有些鱼类在河海间洄游的目的并非为了产卵，例如许多虾虎科鱼类是在河流产卵，但由于刚孵化的鱼苗游泳能力不敌湍急的河水，不消一二天就被冲进海水里，等经过约1到数个月的成长，才有能力溯河而上，回到出生地生活，称为"两域洄游"鱼类。

鳗鱼的洄游过程。（插画/陈和凯）

5.在河川的成长期间，能偶尔离水到陆地行进，腹部呈黄色，此时称黄鳗。

3.漂游至沿岸海域时，鱼身变成流线型，以减少阻力，但仍透明无色，此时称玻璃鳗。

4.进入河口水域时，鱼身开始出现黑色素，此时称为线鳗，是养殖业鳗苗的来源。

6.成熟时，鱼身变成银白色，胸鳍加宽，以适应深海环境，此时称银鳗。

1.鳗鱼在淡水水域成长，成熟后，洄游到海中产卵，产卵后就死亡。

2.卵孵化后，鱼身扁平如柳叶，能随洋流长途漂游二三年，此时称柳叶鱼。

（斑马）

避寒与觅食迁徙

寒冷是迫使许多动物远离家乡的原因，因为当冬季的低温来临，动物必须消耗大量的热能来维持体温；更重要的是食物锐减，例如温带地区的高海拔山区冬季几乎草木不生，而昆虫等也进入休眠，因此某些动物便必须向低海拔山区或往南方迁徙。

换一个温暖的家

鸟类、哺乳类属于恒温动物，身体能够自行产生热量来维持稳定的

海牛在冬季会迁徙到沿海避冬，图为美国东岸的海牛，在火力发电厂排放出的温水中，寻找栖息的场所。（图片提供/达志影像）

行军蚁为何要"行军"

行军蚁是强悍的大型肉食性蚁类，分布在热带地区。它们会集体展开长途的觅食迁徙，但是并不返回原处。迁徙的队伍有数十万只成员，长达十几米，沿途捕食任何遇到的昆虫和小动物，如蜗牛、老鼠、蜥蜴等，以及受伤或死亡的动物。迁徙的活动都是在夜晚进行，天亮时，工蚁便聚集起来，搭成球状的营地，供大家休息；沿途若有需要，工蚁也会将彼此的身体连接起来，搭成"蚁桥"，让大家渡水。当它们大约花了3个星期找到新据点，蚁后产下数十万颗的卵，等到幼虫孵出、结蛹，行军大队就得抱着这些幼虫和蛹再上路，因为幼虫破蛹而出时又多出好多张嘴要吃食物了。

行军蚁彼此连接形成"蚁桥"。行军蚁可能造成食物污染，传播疾病，或伤害田间的马铃薯和蔬菜等。（图片提供/达志影像）

大桦斑蝶原来散布在北美各地，每年秋季开始成群往南，飞至墨西哥山区过冬。（图片提供/达志影像）

体温，使体内的新陈代谢保持正常运作。食物是产生体热的来源，越是寒冷越需要增加食量来维持体温；但酷寒的季节中

食物稀少，身体的热能又不断散失在寒风中，许多动物便进化出迁徙的本能行为，移到较暖地区以求生存。

鱼类、两栖类、昆虫或其他无脊椎动物，都属于变温动物，体温会随着环境而改变。当气温很低时，体内的新陈代谢活动就变得缓慢，甚至停止。因此，有些动物进化出过冬的生理适应，例如部分的蛇和蛙会冬眠；有些则会迁徙到远方。

美国野牛的毛发冬天厚长，夏天会掉落，迁徙路线是随着青草分布而移动。

（图片提供/维基百科）

的，因为温暖地区有较多的生物聚集，食物来源通常比较丰富。但有时候雨量等其他因素，也会影响食物的分布。例如，热带地区终年温暖，没有明显的冷热变化，但其中的热带草原却有干季、湿季的分别。当湿季来临，植物快速生长，动物聚集；等到湿季结束，干季来临，牛羚等就必须迁徙到其他地方。

许多海洋生物以浮游生物为食，而浮游生物的分布会受到海水温度或洋流方向改变的影响，因而若干海洋生物必须跟着食物迁徙，进行觅食洄游，如鲸豚等。

民以食为天

对许多动物而言，避寒与觅食是同步进行

西滨鹬成群结队地出现在沼泽湿地，一起觅食和休息。（图片提供/达志影像）

繁殖迁徙

(圣诞地蟹，图片提供/GFDL)

许多迁徙动物（尤其是鸟类），是在原来生活的地区繁殖，等到季节转换的时候，再迁徙到其他地区过冬或避夏。不过，有些迁徙动物则是到过冬地或避夏地繁殖；有些只在繁殖期回到出生地繁殖。

冬眠后，雄性红边束带蛇以鳞片摩擦雌蛇，向其求爱。交配后，卵在体内孵化，等迁徙到食物充足的草地，雌蛇才生下小蛇。（图片提供/达志影像）

赶赴一场相亲大会

有些动物平时独来独往，并不结群生活，再加上活动范围较大，不易找到交配的对象。因此，进入繁殖期时，成熟的雌雄个体会聚集在一起，进行配对。例如在大洋中活动的海龟，会从觅食地迁徙到出生地附近的海域，雌雄交配后，雌龟上岸产卵。林地蛙各自躲藏在落叶和枯枝下冬眠，到了春天，雄蛙则移栖到邻近的池塘，群聚在一起呼唤雌蛙，以进行繁殖。

鱼类是"体外

雌绿海龟平均3年上岸产卵1次，产卵期间若受到人为的灯光照射和噪音干扰，便会离开产卵地。（图片提供/达志影像）

受精"的生物，生殖洄游的鱼类无论雌雄都必须千里迢迢地到产卵地附近，一同将精、卵排放出来，才能成功受精。迁徙性鲸

染红圣诞岛的圣诞地蟹

圣诞岛隶属于澳大利亚，每年年底成群的圣诞地蟹由岛上的高地迁徙到海边进行繁殖。成千上万的红色螃蟹进入民宅、学校、车道，甚至高尔夫球场，到达海边的雌蟹将即将孵化的卵排入海水中，破壳而出的幼蟹在海中漂浮一段时日后，再集体迁徙回到岛上的高地成长，整片红潮十分壮观，虽然会短暂干扰岛民的生活，但却吸引世界各地的观光客前来，增加了经济收益。

类则是到过冬区繁殖，不过怀孕的雌鲸次年春天先回到极地，等秋天再度到过冬区时才生产。

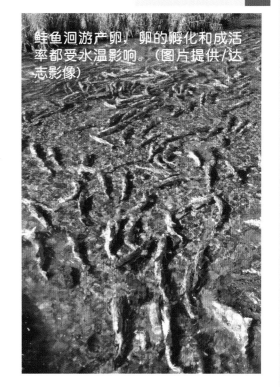
鲑鱼洄游产卵，卵的孵化和成活率都受水温影响。（图片提供/达志影像）

寻找合适的产房

繁殖迁徙的目的地可能是食物比较丰富，例如山区的小瓢虫在春天向下迁徙、繁殖，因为春天嫩芽引来了大量的美食——蚜虫。有些繁殖地可能是天敌或灾害较少，例如许多候鸟会回到天敌较少的苔原繁殖；帝企鹅大多在南极的冰洋中活动，但一到繁殖季节，它们就成群集中到陆地上的繁殖地，以躲避海边的天敌。有些繁殖地是因自然条件比较适合繁殖，例如樱花钩吻鲑繁殖时，必须往上游到低于12℃的河段才能产卵，否则卵无法孵化。

阿德利企鹅的社会性极强，会集体防卫繁殖地。（图片提供/达志影像）

美国的集栖瓢虫迁徙到蚜虫出没的地方繁殖，雌虫会产卵在植物的茎叶上，一次大约可产出二三百粒卵。（图片提供/达志影像）

行前的准备

在漫长的迁徙过程中，动物可能没机会充分进食、休息，或是要克服沿途恶劣的环境，因此行前的准备是不可疏忽的；例如欧洲鳗鱼的脂肪要达到14%以上才能启动迁徙的旅程。

体力最佳状态

有些动物在迁徙途中很少进食，例如欧洲鳗在生殖洄游的数个月期间几乎不进食；灰鲸洄游到过冬区的途中也很少进食。它们可能是为了尽快抵达目的地，或是没有适当的栖息地觅食，例如陆地生活的候鸟跨海飞行时很难降落觅食。除此之外，迁徙途中可能会碰上暴风雨、乱流等，更是消耗体力。因此许多动物出发前，会先大量进食，将能量储存在脂肪中，迁徙时就以燃烧这些备用脂肪为能量来源；例如有些候鸟的体重可比平常多出1倍。

鲑鱼要历经激流、瀑布等，才能洄游到繁殖地，极耗体力，而途中都不进食。图为阿拉斯加东南部鲑鱼洄游地。（图片提供/达志影像）

座头鲸每年进行有规律的南北洄游：夏季洄游到冷水海域捕食，冬季到温暖海域繁殖。图为座头鲸先在水中以水泡网集体围鱼，然后张大口向上窜起，将围住的鱼吞下。（图片提供/达志影像）

换上新装备

绝大部分的候鸟在迁徙前，会将旧的、有磨损的羽毛换新，以准备长途飞行。另外，许多候鸟在秋天繁殖季结束后换羽，准备迁徙到过冬区，羽色通常是朴素的杂褐色，以配合环境背景。迁徙性的哺乳动物中，驯鹿也会换上冬毛，十分浓密而且长毛中空，不但保暖，渡河时还能增加浮力。

有些动物幼儿的集体迁徙也需有所准备。例如虾虎鱼的稚鱼必须等到游泳能力足以和流水对抗时，才会开始溯河迁徙，它们先在河口区停留，调整体内的渗透压，以适应较淡的河水；有些蟹类

大天鹅在秋季进行换羽，准备迁徙。换羽期间完全失去飞翔能力，很容易遭到天敌袭击，因此十分隐蔽。（图片提供/达志影像）

驯鹿是母系社会，有经验的雌鹿带领鹿群进行长达数百公里的迁徙。驯鹿的冬毛长而浓密，毛里饱含空气，既保暖又具浮力。春天返回觅食地，冬毛沿途脱落，成了迁徙路线的标志。（图片提供/达志影像）

在海中孵化时为蚤状幼体，无法登陆迁徙，必须在海中漂流直到长成幼蟹，才会集体迁徙。

动手做鸟飞机

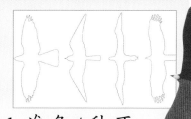

鸟类翅膀的形状会影响飞行速度，你也来试试看吧！准备的材料：4种颜色的纸张、纸黏土、刀片。

1. 准备4种不同形状的鸟类线稿。将鸟的线稿固定于色纸上，然后用刀片依线稿将鸟的形状割下。

2. 取中间线用刀片轻划一条折线（纸张不切断）。

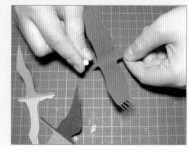

3. 取一小坨纸黏土固定于鸟嘴的地方。

（制作/杨雅婷）

启动机制

（绿海龟，图片提供/维基百科）

人类社会有时钟和日历，能够精确安排旅程的时间；而自然界中的动物则靠生理时钟与环境变化的刺激交互作用，启程远行。

日照的长短

许多动物的迁徙是随着季节变化而进行的，因此在温带、寒带地区，由于季节的变化比较明显，动物的迁徙活动多于热带地区。当冬季即将来临时，日照逐渐变短，许多候鸟便准备启程南飞；

虾虎鱼科的成鱼会在河川产卵，孵化后的仔鱼在海洋中生活几个月后，又溯河到上游继续生长。溯河从中午开始，傍晚是高峰期，天黑后就休息。（图片提供/维基百科）

相反的，当春天来临，日照变长，它们就往北返回。日照长短会影响鸟类的内分泌，使它们出现焦躁不安的迁徙冲动，称为"迁徙性焦躁"；如果再加上风向、天气等条件适合的话，就会开始迁徙。除了日照长短，其他环境因素也会影响动物的迁徙，例如圣诞地蟹在每年第一场季风雨后迁徙；龙虾受水流强度改变的刺激而开始行动。在海水中，日光的作用不明显，水温变化、潮水涨落等是启动水生生物迁徙的重要因素。

大型鸟类如鹳、鹤等通常在白昼迁徙，利用太阳或地面景观导航定位。图为沙丘鹤。（图片提供/达志影像）

化学物质作怪

激素和信息素同样是生物体传递信息的化学物质，但目标不同，前者在体内，后者则散发到体外，两者都可能启动迁徙行为。

性激素使动物产生一连串的交配、求偶行为，甚至产生生殖迁徙的欲望。生殖洄游的鱼类，除了性激素的刺激之外，还必须配合外在环境的条件，像是水温上升等；如果是性腺发育不良、无法分泌性激素的鱼，即使水温变高，也不会迁徙。

昆虫之间大多以信息素引起的嗅觉来传递信息，迁徙前的集结行动可能也是如此。有些科学家认为平时单独行动的蝗虫，就是以散发特殊的信息素，作为群体集结的信号，一同向远方迁徙。

银鸥为最普遍的大西洋鸥类，分布于北半球。身体呈灰色，脚呈肉色，翅尖具黑色和白色斑点，以沿海水中的垃圾和漂流物为食，为腐食性动物。（图片提供/维基百科）

本能与学习

鸟类的迁徙行为是先天的本能，还是后天的学习呢？科学家曾经为此进行了一场"换亲实验"，把银鸥和小黑背鸥的蛋交换，由银鸥来抚育小黑背鸥，而小黑背鸥抚养银鸥。这两种鸟十分相似，但某些地区的银鸥不迁移，而小黑背鸥固定在冬天迁徙。科学家观察这些幼鸟长大后的迁徙行为，发现银鸥幼鸟会跟着义亲迁徙，属于后天学习；而小黑背鸥幼鸟则依先天的本能，仍自行迁徙到过冬区。

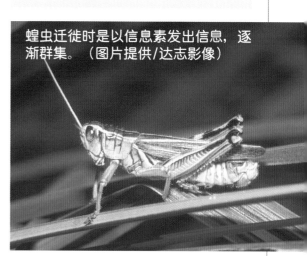

蝗虫迁徙时是以信息素发出信息，逐渐群集。（图片提供/达志影像）

红鲑在繁殖期体色会变红，雄鲑的背部还会隆起。多数生殖洄游的鱼类要等性腺发育成熟，才会受环境启动而洄游。（图片提供/达志影像）

（座头鲸）

迁徙的队伍

为了路上的安全，动物大多是集体迁徙。有些集合成数十只的小群，有些群体则多达上百万只，例如每年9月非洲东部的塞伦盖蒂平原上，100多万头牛羚集体往南迁徙，所经之处惊天动地！

鹬类喜欢成群飞行，聚集于赤道北部的海滨过冬。（图片提供/达志影像）

团结力量大

集体迁徙能够降低风险，除了借由浩大的声势吓阻掠食者，必要时也能共同御敌，例如大西洋巴哈马群岛周围海域的多刺龙虾，平常散居在礁石缝隙中，冬季便集体迁往较温暖的大洋深处过冬，迁徙过程中一旦遇到攻击，队形立刻从一路纵队变成螺旋形，将棘刺全部朝外，一起对抗侵犯者。另外，动物在迁徙过程中若要休息，成员多也可以轮流警戒。

迁徙的队伍通常是由有经验或强健的领头者带领。有经验的领头者可以带路，以及找到水源和食物；而强健的领头者能够为后面的跟随者抵挡前头的阻力，例如强劲的风力或水流等。

企鹅迁徙时是由有经验的企鹅带领，集体迁徙。图为帝企鹅。（图片提供/达志影像）

队员组成各不相同

许多动物迁徙时是一同行动；有些动物则分批上路，例如迁徙到海岸交配的陆蟹，雄蟹会先到达占领地盘，然后等待雌蟹；抹香鲸会由多组雌鲸和幼儿组成迁徙团队，雄鲸则被排除在外，独自迁徙。

一般来说，动物在迁徙途中会因各种原因而大量死亡，只剩少数幸运者返回家乡，因此去程和回程的成员数量差异很大。除此之外，繁殖迁徙的雄性大多在交配后就先离开，让准备产卵或带着幼仔的雌性殿后。昆虫的寿命通常很短，大桦斑蝶在过冬之后进行交尾，雄蝶死后，雌蝶在返回路程中陆续产卵而后死亡，由子代组成返乡队伍。

东非动物大迁徙的成员包括了斑马、黑尾牛羚等不同动物。（图片提供/达志影像）

春、夏时雄鲎会先上岸，等涨潮时，雌鲎才上岸。雌鲎会以沙粒将卵覆盖住，等到下次大潮时，幼鲎便出生。（图片提供/达志影像）

少数迁徙团体甚至是由不同的动物组成，例如东非干季大迁徙的兽群，主要由斑马、瞪羚、牛羚混合组成，一起迁徙到青草茂盛的区域觅食。它们为了避免竞争食物，爱吃长草的斑马走在最前面，食用草茎的顶部；随后到达的黑尾牛羚刚好爱吃剩下的短草；而刚露出来的细小嫩草则留给最后抵达的瞪羚。

野生动物的天堂——塞伦盖蒂国家公园

你想目睹动物大迁徙的壮观场面吗？那么塞伦盖蒂国家公园是最好的选择。它位于非洲东部的坦桑尼亚，中央是一望无际的草原，以及各种大规模的野生动物群。每年11月至翌年5月是当地湿季，草原上一片绿意；但接下来6—10月的干季，大地就像被烤焦一般。因此，湿季结束时，牛羚、瞪羚、斑马便成群结队，往西面维多利亚湖的方向迁徙，之后再逐渐偏北进入马赛-马拉野生动物保护区，当地的水源四时不竭。等到湿季来临，它们才再返回。一路上，有狮子、土狼等尾随其后，伺机掠食落单的动物。塞伦盖蒂国家公园于1940年成立保护区，当时并没有将动物的迁徙范围涵盖进去，因此造成迁徙动物一出保护区就被猎杀，几年后，范围才扩及整个迁徙路线。

导航与定位

（加州龙虾，图片提供/维基百科）

长途迁徙的动物，例如北极燕鸥，每年从北极飞到南极，路程长达约2万公里；有些鲑鱼能在茫茫大海中，找回出生地的河口……它们为什么不会迷路？这一直是人们想要解开的谜。

日月星辰与体内的小罗盘

天体的运行非常规律，因此成为许多动物导航的工具。许多在白天迁徙的鸟类，以太阳的方位作为指标；相反的，夜空中的星辰则为夜晚迁徙的鸟类导引方向。太阳、月亮在不同的季节中会改变升落的方位，星星在夜空中也会规律地转移位置，但鸟类却可以依照时间或季节来修正行进的方向，例如北极燕鸥从北半球跨越赤道进入

晴天　阴天

●鸽子　←平均方向
　实际飞行方向　←鸽巢的方向

晴天　阴天

鸽子系上磁石后（上），阴天便会影响认路；系上铅块则不影响。

鸽子非常会认路，主要是靠地磁的定位。科学家曾将鸽子眼睛蒙住，仍不妨碍它认路。（插画/吴昭季）

南半球时，太阳的方位改变，它们仍不会错乱。不过，在阴天云层遮蔽太阳或星星的时候，大多数的动物会依靠其他定向系统继续前进。

许多动物的大脑或体内具有微小的磁性分

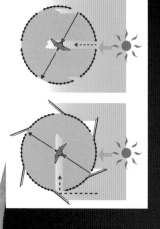

科学家曾以椋鸟做实验，阳光从东面平行射入大鸟笼时，椋鸟往西南飞往原迁徙的方向（上）。在大鸟笼的6个窗户上，各架上1片镜子，阳光经90°角射入鸟笼，椋鸟的飞行方向也跟着转了90°角。（插画/吴昭季）

小型鸟类大多夜间飞行，星空是重要的方向指标，科学家曾将欧洲苇莺放在天文馆的模拟星空下，变换星座时，欧洲苇莺便跟着转向；如果关掉星座，欧洲苇莺就乱飞。（插画/吴仪宽）

黄鳍鲔鱼又称黄鳍金枪鱼，属大洋性上层洄游性鱼类，颅骨内有细小的磁粒，可以辨别方向；侧线的感流能力也特别灵敏。（图片提供/维基百科）

神奇的人工领航者

野生美洲鹤以湿地为栖息地，因湿地大量消失而濒临绝种。（图片提供/维基百科）

鹤在中国人的心目中代表长寿，根据人类的饲养记录，它们的平均年龄为45岁，在鸟类中的确称得上长寿。但是，由于人类的猎杀和栖息地的破坏，鹤类中的丹顶鹤、美洲鹤和白鹤等，都已濒临绝种，因此世界各地都设有保护区，以及由人工饲养。鹤有迁徙过冬的行为，人工饲养的鹤没有亲鸟带领，如何找出迁徙路径呢？有些爱鸟人士便负担起这项任务，他们驾驶轻型飞机，引领幼鹤进行迁徙。

子，这些分子整齐排列便如同一个小型磁铁，能够感应地球的磁场，以辨识方位，如鸽子、蜜蜂、海龟、龙虾和鲔鱼等。它们有些只能像指南针一般，简单地分辨东南西北；有些却能同时感受各地的磁偏角和磁场强度，精确地定位自己的位置，仿佛体内有一张看不见的地磁"地图"。

大天鹅会利用地面景观引导飞行方向，是飞得最高的鸟类之一，能飞过世界最高峰珠穆朗玛峰，高度9,000米以上。（图片提供/达志影像）

 ## 超强记忆力

有些动物利用嗅觉或视觉的记忆，来寻找迁徙路线。例如，每条河流含有不同的化学物质，以及生长不同的动植物，因此具有特殊的气味，鲑鱼便根据记忆中的气味，正确回溯到出生地。然而，一旦河水受到污染，鲑鱼就可能误判方向。有些白天迁徙的鸟类也利用地面的景物来认路，它们飞得高，视野广，山脉、海岸、森林等都成为它们的路标，而这也需要靠它们的记忆力。

休息与节省体力

(信天翁，图片提供/维基百科)

长途迁徙十分消耗体力，迁徙动物除了在启程前让自己保持最佳状态，沿途也要稍做休息或尽量节省体力。

赶路与休息

许多动物选择白天迁徙、夜晚休息，例如大型鸟类和猛禽，它们的天敌较少，同时白天能利用日照引起的上升气流飞翔。体形较小的鸟类则大多选择夜晚迁徙，以避开众多的掠食动物；其中有些是日行性的鸟类，只有在迁徙季节变换作息时间。

有些动物会将旅程分

有些候鸟晚上迁徙，是为了趁白天光线充足时觅食。图为高跷鸻。

海龟能借着洋流而进行长距离的生殖洄游。（图片提供/达志影像）

成几段，在途中稍加停留，进食、休息或躲避恶劣的天气；有些则一鼓作气，极少休息，例如美洲金鸻每年飞往南美过冬时，能够一口气连续飞行35个小时，行进2,000多公里。

许多鸟类飞越广阔的海面时，中途少有陆地或海岛可降落休息，也无法补充食物，沿途只能不断消耗身体的脂肪。部分海鸟则能沿途捕鱼，随时冲入海中猎食，以补充食物。

省力的队形

动物迁徙时尽量节省体力，一来可缩短旅途的时间，二来能避免因为体力透支而生病、死亡或被天敌捕食。

有些动物利用特殊的队形来降低前进阻力。例如，雁和天鹅在迁徙时经常

第一只雁最费力，须克服阻力，因此成员会轮流担任。

后面的雁能利用前方同伴翅膀产生的气流，节省力气飞行。

雁和天鹅迁徙时，经常变换成人字形队伍。图为加拿大雁，脸颊白，翼尖黑，尾羽下半也是白色。(插画/陈和凯)

鸟的翅膀像机翼，能产生向上的浮力。

龙虾能够根据地球磁场判断方向，并以一路纵队的队形前进。(图片提供/达志影像)

排列成人字队形，最前端的领队受到的风阻最大，飞起来也最费力，所以必须由成员轮流带队；其他成员顺着其后方外侧的气流飞翔则能省力许多。龙虾在海底迁徙时成一路纵队，领头者受到的水阻最强，走在后方的成员则几乎可省下一半力气。

此外，以飞行或游泳迁徙的动物，常乘着自然的风力、水流前进，来节省体力。翅膀长而宽的海鸟、猛禽尤其擅长驾驭气流，有些信天翁可以飞翔好几公里而不需拍1次翅膀。海龟和许多洄游性鱼类也经常循着洋流迁徙，洋流因为流速快，常被称为"海洋的高速公路"。

鸟翼的伯努利定律

18世纪，瑞士数学家伯努利发现一则流体力学的定律：流速快的气体或液体会比流速较慢者的压力来得低。这个原理可以解释为什么鸟类前缘较厚、后缘削尖的翅膀形状特别适合飞行。因为鸟翼通过空气时，上方弧形的长度较下方长，因此上方空气速度快、压力小；相反的，下方空气速度较慢，压力较大。向上压力大于向下压力的结果，就产生一股向上的升力了。

信天翁的羽翼长，能运用气流飞行，而脚上有蹼，能在海面休息。图为小信天翁正在试飞。(图片提供/达志影像)

迁徙中的危机

（图片提供/达志影像）

动物迁徙不但艰辛，而且危机四伏。沿途虎视眈眈的捕食者、难以预料的恶劣天气、体力透支与迷路、掉队等等，都可能让它们到不了目的地。

当迁徙队伍过河时有时会死伤惨重，图为鳄鱼攻击一头牛羚。（图片提供/达志影像）

 ## 旅途中的天敌

动物的迁徙路线经常是固定的，而迁徙的队伍又十分引人注意，因此常常引来各种大型的掠食动物在迁徙路线上埋伏，像是狼群会在驯鹿南迁的路径上守候，阿拉斯加棕熊也会在鲑鱼洄游的季节，到河里捕捉溯河的鲑鱼果腹。

当动物在途中生病、受伤，或跟不上队伍，就可能落单、迷路，这时最容

易被天敌捕食；而伤病的鲸豚等还可能因此无力游泳，被海浪拍打上岸，搁浅而死。

 ## 人类的危害

自然界的掠食者，只是捕抓落单或体力不济的猎物，人类却凭借优良的武器或网具，更大规模地捕捉迁徙动物。猎人经常在候鸟的迁徙路线上猎鸟；每年洄游到固定海域的鱼群，更是吸引许多渔船前往捕鱼。另外，人类的许多设施也会危害迁徙动物，例如建筑物的强光

鲑鱼溯河而上时，阿拉斯加棕熊会守在急湍处捕食。对棕熊来说，迁徙的鲑鱼是重要的营养来源，靠着鲑鱼才能于夏秋两季储存足够的脂肪，以备过冬及繁殖下一代。（图片提供/达志影像）

白喉带鹀每年都会迁徙到芝加哥，大约有100万只会撞上沿途建筑的玻璃，或因迷路而疲倦至死。

诱使夜间迁徙的鸟误撞上去；裸露的高压电线让初飞的鸟触电而亡；而动物穿越公路时更可能被车辆碾死。

（图片提供/达志影像）

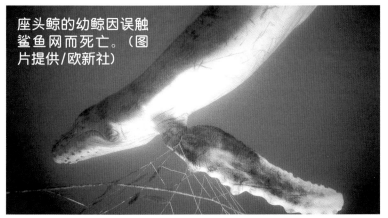

座头鲸的幼鲸因误触鲨鱼网而死亡。（图片提供/欧新社）

天有不测风云

较长时间的阴天，会遮蔽星星、太阳或月亮，使动物失去导航而迷失方向；即使依赖地磁感应来定向的动物，也可能不幸遇上太阳磁暴改变地球磁场而迷路。此外，强风有时将动物吹离正常路线，迷失在陌生的地方；长时间下雨，不但造成视线不良，也可能使昆虫或鸟的翅膀湿透，或无法觅食、补充能量。风暴、沙尘暴等恶劣天气，更往往让动物迷路或命丧他乡。

拯救灰鲸宝宝J.J.

许多人误以为抢救搁浅鲸豚的最佳方法，就是赶紧将它们推向海中，其实许多鲸豚是因为受伤或生病才搁浅，必须经过专家的治疗后，才能返回海洋生活，一味地推回海中还是难逃死亡的命运。如果搁浅的是失去母亲的幼仔，人类甚至得先充当"奶妈"，将它们抚养长大后才能放归野外，加入自然的族群。

灰鲸是一种大型洄游鲸，每年冬天向南游到北美洲的南太平洋沿岸避寒、生产，春天才返回北极海域觅食。1997年1月，1只出生仅7—10天大的灰鲸宝宝被发现独自搁浅在南加州维纳斯海滩，救援队在附近海域找不到它的母亲，只好将它送往圣地亚哥海洋公园，取名为J.J.，以富含维生素的高脂肪人工母乳喂养；到了第二年，健康成长后的J.J.带着世人的祝福，重回海洋。

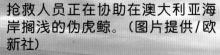

抢救人员正在协助在澳大利亚海岸搁浅的伪虎鲸。（图片提供/欧新社）

（大桦斑蝶）

抵达终点

当迁徙动物历经千辛万苦，抵达终点，有的忙着补充食物，有的赶紧交配、繁殖；有的队伍在终点便解散，有的仍然维持集体行动。

休养生息

大多数的迁徙动物都在迁徙过程中耗尽体力，备用的脂肪也消耗光了，因此抵达终点后，当然要好好补充食物、休养生息。例如，北美的红胸蜂鸟以花蜜为食，在天气变

帝企鹅上岸繁殖时都不进食，直到幼鸟孵出。孵卵和育幼初期以雄企鹅为主，雄企鹅因此体重约减少一半。

冷前，要一口气飞行18—20小时越过墨西哥湾，海上不可能有花蜜可采，所以到达目的地后就得赶紧填饱肚子。不过，许多繁殖迁徙的动物到达目的地时并不进食，反而展开一连串繁忙的生产、育幼工作。例如在夏季洄游到热带、亚热带沿岸交配、繁殖的绿海龟，几乎不进食；雌龟一直要到上岸产卵完毕，动身返回平常的觅食场所途中，才会开始进食或

每年六七月干旱时，上百万头的斑马、牛羚、瞪羚，会从塞伦盖蒂向北迁徙到马赛-马拉，那里有东印度洋季风和暴雨带来的水源，能养活数量庞大的生物。（图片提供/达志影像）

稍做休息。另外，北美的大桦斑蝶飞到墨西哥山区过冬，会群聚在一起冬眠，因此也不进食。

龙虾集体迁徙到目的地后，就分散栖息在礁石缝隙。（图片提供/达志影像）

不得安宁的驯鹿

居住于北极地区的驯鹿，是陆地上最大的迁徙性哺乳动物。每年1—6月，北极苔原上鲜嫩的青草吸引驯鹿不远千里而来；但到了7月，草原上却滋生大量的蚊虫，成群袭击驯鹿。驯鹿为了躲避蚊虫的叮咬，只好躲到干冷的山坡，挤在雪堆旁，希望借着低温减少被叮咬的机会，直到夏天过去、蚊虫消失为止。据研究，这些蚊虫的数量多到能在短短1周内，从驯鹿身上吸血多达100万升！

驯鹿回到苔原生产时，常受蚊虫侵扰。图为雌驯鹿帮助刚出生的小驯鹿站立起来。（图片提供/达志影像）

斑蝶迁徙过冬的队伍包括许多族群，但到达过冬区后，各种斑蝶会依不同的喜好，各自选择适合的栖位冬眠。（图片提供/廖泰基工作室）

 ## 曲终人散？

除了猛禽，多数鸟类无论迁徙前后都习惯成群活动。不过，有些动物虽集体迁徙，到达目的地后，就会分散开来觅食，或由大群拆成小群活动。例如龙虾平时是分散躲藏在礁石缝隙或水草丛中，迁徙时集体行动，一到目的地，又渐渐散开；许多虾虎鱼或虾、蟹的幼体等，成群洄游到河流后，也会各自寻找栖息地躲藏，或占据一小块领域。

少数动物的迁徙终点，就是它们的生命终点！鳗鱼成长后，从河川游到大海的繁殖地，在此产卵、受精，也在此结束生命；有些鲑鱼刚好相反，游回出生的河川上游产卵，但同样有去无回。有些淡水蟹也是如此，例如绒螯蟹降海洄游到河口附近，产下卵后就死亡了。

（企鹅）

环境变迁与迁徙

以长时间而言，地球的自然环境并非一成不变；现今人类的活动更在短时间内影响了全球的气候与环境，这些都会改变动物迁徙的习性。

自然的环境变化也会影响动物的安危，图为受困于浮冰而死的虎鲸。（图片提供/欧新社）

自然与人为的气候影响

气候变冷或是变热，都会影响动物的迁徙，有时是环境自然的变化，有时却是人类污染的结果。

地球在其历史中，经历多次寒冷的冰河时期。冰期来临时，全球的气温及水温普遍下降，温带的迁徙性动物足迹更往南方前进，例如冷水性的鲑鱼在冰期时可能洄游至亚热带的海域。

人类污染空气，使大气增加温室气体及臭氧层破损的结果，造成近年来全球变暖，使得春天提早降临、秋天延后到来，不但干扰了许多动物迁徙的时间，也改变了迁徙的路径。例如冰层融化造成海平面上升，可能将海龟洄游上岸产卵的沙滩淹没。

2002年2月，一次寒流侵袭造成了墨西哥大桦斑蝶保护区的2亿多只过冬的斑蝶冻死。图为研究人员前往检视。（图片提供/达志影像）

变调的归乡路

许多动物迁徙的路线、目的地十分固定，一旦受到破坏或污染，就无法顺利迁徙。例如许多沿海开阔无人的沼泽带，常被人类开发为工业区或观光旅游区，使迁徙性水鸟的觅食区越来越小、活动空间也变得狭窄。河川整治工程的水泥护岸，使习惯沿着河岸迁徙的鸟类无法找到昆虫、蛙类等食物；高耸的水库或拦河堰更截断洄游鱼类的通道。

除了人为影响之外，有时候自然的环境

国际绿色和平组织在巴黎拉起条幅，提醒当局改善环境。联合国成立的"政府间气候变化专门委员会"，将针对温室效应所造成的地球变暖，献计献策。（图片提供/达志影像）

以色列的1次污染事件中，一天内约有200只迁徙的鹳鸟因饮用化学工厂排放的废水而死亡。（图片提供/达志影像）

变迁对动物而言也十分无情，像是极地冰山漂移，阻断企鹅父母前往内陆育幼场的道路，成千上万等待喂食的小企鹅便可能因此饿死。

固守家园的信天翁

信天翁是典型的大洋鸟，能够以省力的滑翔方式，长时间在海上飞行。它们以海为家，捕食海中的鱼、虾等，累了也能在海面休息。等到繁殖期，信天翁才登上岛屿或悬崖，准备产卵育幼。中途岛是北太平洋的岛屿，每年有大量的信天翁上岸繁殖。第二次世界大战时，美军为对抗日本，在中途岛建立军事基地，但岛上的信天翁却让美军伤透脑筋。美军将岛上的信天翁移到其他岛屿，但信天翁有过人的记忆力，即使被驱逐出岛，仍能飞回故乡，继续繁衍后代，而影响飞机的起降。如今岛上的军事基地早已关闭，中途岛仍为信天翁的天下，至少有80万只信天翁在岛上产卵、育幼。

信天翁为漂泊性海鸟，繁殖期会在地面上或岩窟内筑巢，每次仅产1卵，雌雄一同孵卵、育幼。（图片提供/达志影像）

如何研究动物的迁徙

（图片提供/达志影像）

人们对于动物的迁徙，了解还非常有限，因为要跟着动物全程记录迁徙的数量、路线或队伍结构等，非常困难，目前的研究仍以标志重捕和仪器追踪为主。

大桦斑蝶翅膀上的迁徙路径追踪标记。（图片提供/达志影像）

标志重捕法

最常用来追踪动物的方法，就是"标志重捕法"。研究人员先捕捉动物，做上标记，然后释放，以便确认动物的"身份"，等到在另一个地点捕捉到（回收），就能勾勒出这种动物的迁徙路线，并大致推测迁徙过程的存活率。研究人员在鸟脚系上注明编号的金属脚环，或是在乌贼的身上钉上写有数字的标签、在蝴蝶的翅膀上画上符号等；此外，也有在鸟脚另系不同排列组合的色环，让研究人员不需要捕捉，便能通过望远镜观察。

灰鲸每年4—11月往北迁徙至北极摄食，12—4月往南到热带海域繁殖；其头部的藤壶生长位置是辨认个体的依据。（图片提供/达志影像）

至于座头鲸等大型鲸类非常不容易捕捉、标志，研究人员只好依其头上附生的藤壶位置，作为辨认的依据。

研究人员在灰头信天翁身上加注标记。（图片提供/达志影像）

因海啸受伤的绿海龟，经治疗过后在身上装设卫星追踪天线，然后回到大海，生物学家要借以追踪其生活。（图片提供/达志影像）

无线电与卫星追踪器

"标志重捕"的方法，只能知道动物出现在哪些地方，却不知它们途中去了哪里，或在何处逗留。为了更精确研究迁徙的路径，科学家在动物身上安装无线电发报器或卫星发射器，这样一来，无论动物在哪里，都能利用无线电或卫星来定位，甚至找到它们聚集繁殖或觅食的神秘之地。

这种方法有时很成功，但也常失败。因为固定在动物身上的仪器容易让动物不舒服而挣脱或破坏，尤其是飞行迁徙的鸟类或昆虫，人工仪器的重量甚至造成它们飞行的负担。

此外，有些科学家利用特殊的黏着剂，将摄影机直接粘在动物的头、背上，沿途拍下它们去了哪里，吃什么，遇上什么天敌。这些细节可以帮助我们理解它们的迁徙动机。

气象雷达与鸟类研究

气象雷达利用雷达波的发射与接收，可以侦测大气中的降雨量、乱流、风速等气象资料，它还可以应用在鸟类的迁徙研究中。只要候鸟群通过气象雷达的扫描半径，就可以通过它们反射回来的雷达波影像，计算出鸟群的数量及通过的时间。过去传统的标志重捕及无线电或卫星接收器只能锁定零星的个体，利用气象雷达则能获得较大族群的迁徙信息。

了解动物的迁徙，有助于动物传染病的预防。图为德国汉堡市的公园，计划将迁徙经过的天鹅圈进篷内，以防禽流感传播。（图片提供/欧新社）

英语关键词

迁徙　migration

迁徙路线　migration route

季节性的　seasonal

周期性的　periodic

非周期性的　aperiodic

搬家　move

溯河而上　upstream

顺流而下　downstream

换羽（毛）　molt

生存　survival

繁殖　breeding

交配　mating

觅食　foraging

干季　dry season

湿季　rainy season

日照长度　day length

性激素　sexual hormone

信息素　pheromone

脂肪　fat

省力　effort-saving

V字队形　V formation

导航　navigation

定位　orientation

地磁　terrestrial magnetism

气流　airflow

洋流　current

地标　landmark

天敌　predator

捕捉　capture

搁浅　stranding

目的地　destination

栖息地　habitat

纬度　latitude

海拔高度　altitude

鱼群　stock

飞鱼　flying fish

鲑鱼　salmon

虾虎鱼　goby

鳗鲡　eel

海龟　sea turtle

绿海龟　green turtle

圣诞地蟹　Christmas crab

鱿鱼；乌贼　squid

龙虾　lobster

候鸟　migratory bird

留鸟　resident bird

迷鸟　vagrant bird

海鸟　sea bird

天鹅　swan

鹤　crane

北极燕鸥　arctic tern

燕　swallow

雨燕　swift

雁　goose

信天翁　albatross

蜂鸟　hummingbird

帝企鹅　emperor penguin

猛禽　bird of prey（raptor）

鲸豚　whales and dolphins

灰鲸　gray whale

旅鼠　lemming

驯鹿　caribou

牛羚　wildebeest

蝗虫　locust

新视野学习单

1 迁徙性的昆虫／鱼类／两栖类／爬行类／哺乳类动物有哪些？请各举出一个例子。

————————、————————、————————
————————、————————
（答案见06—07页）

2 连连看，以下这些动物的迁徙行为主要目的是什么？

· 鲑鱼上溯到出生的河段

繁殖·　　· 龙虾洄游到较温暖的水域
· 绿海龟回到自己出生的沙滩
· 北极燕鸥迁徙到南极

觅食·　　· 帝企鹅迁徙到繁殖区
· 北极驯鹿向南迁徙
· 灰鲸洄游到南方

过冬·　　· 大桦斑蝶南迁到中南美洲
（答案见06—07，12—15页）

3 关于动物的迁徙时间和路线，哪些叙述是正确的？（多选）
（　）动物迁徙都是每年进行1次。
（　）动物在不同纬度之间迁徙，称为水平迁徙。
（　）动物在不同高度之间迁徙，称为垂直迁徙。
（　）鳗鱼是"降海性"鱼类。
（答案见08—11页）

4 下列动物迁徙的准备和启动，哪些叙述是正确的？
（　）多数候鸟过冬迁徙前会先换羽。
（　）许多候鸟迁徙前会出现"迁徙性焦躁"。
（　）动物迁徙完全是受气温影响。
（　）性腺发育不良的鱼类，大多无法进行生殖洄游。
（答案见16—19页）

5 是非题，关于动物的迁徙，对的打○，错的打×。
（　）迁徙是动物最脆弱的生命阶段之一，因此不利于动物的繁衍。
（　）大致来说，鸟类是迁徙能力最强的动物。

（　）大桦斑蝶的寿命长，可以一个世代就完成整个南北迁徙。
（　）动物抵达目的地后，都会立刻补充食物。
（答案见06—07，20—21，28—29页）

6 选择题，关于动物迁徙的定位与导航，哪些叙述是正确的？
（　）白天迁徙的候鸟，完全以太阳为指标。
（　）当太阳或星星、月亮没出现，候鸟就会迷路。
（　）龙虾、鲔鱼能靠地磁辨别方向。
（　）鲑鱼能靠气味分辨出生地河口。
（答案见22—23页）

7 请说出以下动物迁徙时，用来节省体力的方式？
大桦斑蝶_____
信天翁_____
龙虾_____
雁鸭_____
海龟_____
（答案见24—25页）

8 动物在迁徙过程中可能面对哪些危险，请举出3种。

_____、_____、_____
（答案见26—27页）

9 连连看，以下都是常见的人类设施，它们会对迁徙性动物产
生何种威胁？
圣诞地蟹·　　　　　·发烫的柏油路
虾虎鱼·　　　　　·拦沙坝
白鹳·　　　　　·高压电
绿海龟·　　　　　·海水浴场
海豚·　　　　　·漂在海中的废弃渔网
（答案见27、31页）

10 关于动物迁徙的研究，哪些是正确的？（多选）
（　）发现迷鸟时不要饲养，应通报鸟类保护组织或其他专业
单位。
（　）标志重捕法的方式只适用于鸟类研究。
（　）卫星发射器可用来追踪单只动物迁徙的全程。
（　）气象雷达可用来扫瞄鸟群的数量和通过时间。
（　）人类已十分清楚所有动物的迁徙行为。
（答案见32—33页）

■■ 我想知道……

这里有30个有意思的问题，请你沿着格子前进，找出答案，你将会有意想不到的惊喜哦！

开始！

哪种动物迁徙距离最远？
P.06

什么是"鱼道"？
P.07

哪种
迁徙？

鲑鱼如何寻找出生的河口？
P.23

猛禽通常在白天还是晚上迁徙？
P.24

为什么海龟能够长距离迁徙？
P.24

大棒赢得金牌。

鲔鱼迁徙时是靠什么辨别方向？
P.23

信天翁什么时候才上岸生活？
P.31

为什么要在鸟脚系上色环？
P.32

如何研究绿海龟的行踪？
P.33

飞得最高的鸟是什么鸟？
P.23

太厉害了，非洲金牌也是你的。

驯鹿夏天在苔原最怕什么昆虫袭击？
P.29

大桦斑蝶飞到墨西哥做什么？
P.29

颁发洲金

为什么鸽子的认路能力特别强？
P.22

东非哪个国家公园以动物大迁徙著名？
P.21

动物会迁徙是本能还是学习？
P.19

驯鹿迁是由谁

蛙会
P.07

为什么旅鼠会集体自杀?
P.09

台湾珍贵稀有的鲑鱼叫什么名字?
P.11

不错哦，你已前进5格。送你一块亚洲金牌。

了，美洲

雁和天鹅迁徙时为何成人字队形?
P.25

龙虾迁徙时为何排成一路纵队?
P.25

鳗苗是指鳗鱼洄游的哪个阶段?
P.11

北美洲最著名的长途迁徙性蝴蝶是哪一种?
P.12

太好了！
你是不是觉得:
Open a Book !
Open the World !

什么是"海洋的高速公路"?
P.25

行军蚁为什么要迁徙?
P.12

大洋牌。

城市的建筑会怎样影响候鸟?
P.27

鲸豚为什么会搁浅?
P.27

澳大利亚圣诞岛以哪种迁徙动物吸引观光客?
P.14

徙时，带领?
P.17

大天鹅为什么要隐藏起来换羽?
P.17

获得欧洲金牌一枚，请继续加油。

哪些动物为了生育下一代而迁徙?
P.15

图书在版编目（CIP）数据

动物的迁徙：大字版 / 胡妙芬撰文．—北京：中国盲文
出版社，2014.5
（新视野学习百科；30）
ISBN 978-7-5002-5082-1

Ⅰ．①动… Ⅱ．①胡… Ⅲ．①动物—迁徙—青少年读物
Ⅳ．① Q958.13-49

中国版本图书馆 CIP 数据核字 (2014) 第 085227 号

原出版者：暢談國際文化事業股份有限公司
著作权合同登记号 图字：01-2014-2109 号

动物的迁徙

撰　　文：胡妙芬
审　　订：袁孝维
责任编辑：贺世民
出版发行：中国盲文出版社
社　　址：北京市西城区太平街甲 6 号
邮政编码：100050
印　　刷：北京盛通印刷股份有限公司
经　　销：新华书店
开　　本：889×1194　1/16
字　　数：33 千字
印　　张：2.5
版　　次：2014 年 12 月第 1 版　2014 年 12 月第 1 次印刷
书　　号：ISBN 978-7-5002-5082-1/ Q · 31
定　　价：16.00 元
销售热线：（010）83190288 83190292　　　　　　版权所有　侵权必究

绿色印刷　保护环境　爱护健康

亲爱的读者朋友：

　　本书已入选"北京市绿色印刷工程—优秀出版物绿色印刷示范项目"。它采用绿色印刷标准印制，在封底印有"绿色印刷产品"标志。

　　按照国家环境标准 (HJ2503-2011)《环境标志产品技术要求 印刷 第一部分：平版印刷》，本书选用环保型纸张、油墨、胶水等原辅材料，生产过程注重节能减排，印刷产品符合人体健康要求。

　　选择绿色印刷图书，畅享环保健康阅读！

北京市绿色印刷工程